Honorarordnung für Architekten und Ingenieure (HOAI)

Nr. 4

Besondere Leistungen bei der Planung von Objekten der Wasser- und Abfallwirtschaft nach Teil 3 Abschnitt 3, § 41 HOAI 2013

Stand: Juni 2017

erarbeitet von der
AHO-Fachkommission „Wasserwirtschaft"

3., vollständig überarbeitete Auflage

Ausschuss der Verbände und Kammern
der Ingenieure und Architekten
für die Honorarordnung e.V.

Bibliografische Information Der Deutschen Bibliothek
Die Deutsche Bibliothek verzeichnet diese Publikation in der Deutschen Nationalbibliografie; detaillierte bibliografische Daten sind im Internet über: http://dnb.ddb.de abrufbar.

Herausgeber:

AHO e.V.
Uhlandstraße 14
10623 Berlin
Telefon: (030) 31 01 917-0
Telefax: (030) 31 01 917-11
E-Mail: aho@aho.de

Redaktionelle Bearbeitung: AHO-Fachkommission „Wasserwirtschaft"

Dieses Heft erscheint im Rahmen der AHO-Schriftenreihe als unverbindliche Honorierungsempfehlung und Praxishilfe. Bei der Zusammenstellung des Inhalts wurde mit größter Sorgfalt vorgegangen. Haftungsansprüche gegen den Herausgeber, die Autoren oder den Verlag sind jedoch ausgeschlossen.

ISBN 978-3-8462-0824-3
3., vollständig überarbeitete Auflage Juni 2017
2., vollständig überarbeitete Auflage September 2008

Printed in Germany

Mitglieder der AHO-Fachkommission „Wasserwirtschaft"

Dipl.-Ing. Andreas Baur (Leiter der Fachkommission)	Beratender Ingenieur, Haßfurt
Dipl.-Ing. Reinhard Beck	Beratender Ingenieur, Wuppertal
Dipl.-Ing. (FH) Helmut Ferrari	Beratender Ingenieur, München
RA Ronny Herholz	Geschäftsführer des AHO e.V., Berlin
Dipl.-Ing. Reimer Ivers	Beratender Ingenieur, Husum
Dipl.-Ing. Horst F. Rademacher	Beratender Ingenieur, Iserlohn
Dr.-Ing. Erich Rippert (Vorstandsvorsitzender des AHO)	Beratender Ingenieur, Weiterstadt
Dipl.-Ing. Klaus-Jochen Sympher	Beratender Ingenieur, Berlin
Dipl.-Ing. (FH) Gerry Wehrle, M.Eng.	Beratender Ingenieur, Güstrow

Allgemeines Vorwort zur AHO-Schriftenreihe

Am 7. Juni 2013 hat der Bundesrat der HOAI 2013 zugestimmt und damit den Weg für eine grundlegend überarbeitete und aktualisierte Honorarordnung für Architekten und Ingenieure frei gemacht.

Mit der neuen HOAI 2013 ist der Verordnungsgeber wieder zu dem in der Planungspraxis etablierten Begriff der Grundleistungen anstelle des Begriffs „Leistungen" (HOAI 2009) zurückgekehrt. Damit wird eine deutlichere Abgrenzung zu den Besonderen Leistungen geschaffen.

Gemäß § 3 Abs. 2 HOAI 2013 sind Grundleistungen, die zur ordnungsgemäßen Erfüllung eines Auftrags im Allgemeinen erforderlich sind, in den Leistungsbildern der HOAI erfasst. Besondere Leistungen sind hingegen nicht näher definiert. Die Grundleistungen werden nunmehr wieder zusammen mit den Besonderen Leistungen in den jeweiligen Leistungsbildern gegenübergestellt (Anlage 2 bis 15 HOAI 2013). Diese bewährte Form der Darstellung erleichtert die notwendige Abgrenzung im Einzelfall.

Ferner wird für die Besonderen Leistungen in § 3 Abs. 3 Satz 2 HOAI 2013 klargestellt, dass diese auch in anderen als den angeführten Leistungsbildern oder Leistungsphasen vereinbart werden können, soweit sie dort keine Grundleistungen darstellen. Mit dieser Regelung wird eine wiederholte Auflistung derselben Besonderen Leistung in verschiedenen Leistungsbildern/Leistungsphasen und damit eine unnötige Aufblähung des Verordnungstextes vermieden. Im Ergebnis können die Besonderen Leistungen unabhängig davon vereinbart werden, in welchem Leistungsbild oder in welcher Leistungsphase sie aufgeführt wurden.

Beibehalten wurde der Hinweis, dass die Aufzählung der Besonderen Leistungen in der HOAI nicht abschließend ist (§ 3 Abs. 3 Satz 1 HOAI 2013). Diese Maßgabe gilt gleichfalls für die Darstellung der Besonderen Leistungen in der Schriftenreihe des AHO, auch wenn diese eine größtmögliche Darstellungsbreite der Besonderen Leistungen für die Planungspraxis anstrebt.

Schließlich wurde der Grundsatz beibehalten, dass die Honorare für Besondere Leistungen frei vereinbart werden können (§ 3 Abs. 3 Satz 3 HOAI 2013). Das Schriftformerfordernis ist seit 2009 keine Wirksamkeitsvoraussetzung mehr. Eine mündliche Vereinbarung reicht grundsätzlich aus. Allerdings sollte bereits aus Gründen des späteren Nachweises eine schriftliche Vereinbarung stets angestrebt werden.

Nur ein kurzes Intermezzo hatten die sog. „Anderen Leistungen" gemäß § 3 Abs. 2 Satz 2 HOAI 2009. Dieser Begriff hatte erhebliche systematische und sprachliche Abgrenzungsprobleme zur Folge und ist daher wieder aus der HOAI entfernt worden.

Inhaltsverzeichnis

Teil A: Wichtige Hinweise zu den Grundleistungen und Besonderen Leistungen

HOAI 2013 vom 10.7.2013 mit wichtigen Hinweisen zu Leistungen

1.1 In der Neufassung der HOAI (7. Novelle) sind die Vergütungen für die Grundleistungen verordnet. Für diese ist das Honorar in den Tafelwerten der HOAI enthalten.

§ 2 Abs. 1 Satz 1 HOAI definiert die Ingenieurbauwerke als Objekte.

§ 3 Abs. 2 Satz 1 HOAI definiert die Grundleistungen wie folgt: „Grundleistungen, die zur ordnungsgemäßen Erfüllung eines Auftrags im Allgemeinen erforderlich sind, sind in Leistungsbildern erfasst."

Der Teil 3 Abschnitt 3 – Ingenieurbauwerke, § 43 HOAI i.V.m. Anlage 12 – führt die Grundleistungen auf.

In Teil 3 Abschnitt 3, § 43 Abs. 1 HOAI sind nur die Bewertungen der Grundleistungen für Ingenieurbauwerke angeführt.

1.2 Veränderungen des Leistungsumfangs, hervorgerufen durch

- Änderung des Umfangs der beauftragten Leistungen,
- dadurch Änderungen der anrechenbaren Kosten oder
- Wiederholung von Grundleistungen, ohne dass sich dadurch die anrechenbaren Kosten ändern,

sind im Honorar der vereinbarten Leistungen nicht erfasst. Das Honorar für solche Leistungen ist gesondert schriftlich zu vereinbaren und zu vergüten. Bei wiederholten Grundleistungen richtet sich das Honorar nach § 10 Abs. 2 HOAI.

1.3 Besondere Leistungen sind beispielhaft gemäß § 43 Abs. 4 HOAI in Anlage 12, dort Nummer 12.1, aufgeführt. Die Aufzählung ist nicht abschließend (§ 3 Abs. 3 Satz 1 HOAI).

1.4 Die hier im Heft aufgelisteten Besonderen Leistungen sind den Leistungsphasen zugeordnet, in denen sie in der Regel auftreten. Sie können jedoch auch in jeder anderen Leistungsphase oder in jedem anderen Leistungsbild anfallen, soweit sie dort nicht Grundleistung sind.

1.5 Die aufgeführten Besonderen Leistungen schließen auch Leistungen mit ein, welche vor oder nach den Leistungsphasen der HOAI erbracht werden können.

1.6 Der Katalog ist nach den Leistungsphasen gemäß § 3 Abs. 2 Satz 2 HOAI gegliedert. Besondere Leistungen, die in Anlage 12 unter Nummer 12.1 aufgeführt sind, werden im Katalog an vorderster Stelle gelistet und durch weitere Leistungen ergänzt, die nach § 3 Abs. 3 HOAI hinzutreten können.

1.7 Gemäß § 3 Abs. 3 Satz 2 HOAI können die Besonderen Leistungen eines Leistungsbildes auch in anderen Leistungsbildern vereinbart werden. Sie haben nur Beispielcharakter und sind nicht abschließend.

1.8 Bei der Bewertung der Besonderen Leistung (v.H. des Tafelwertes) bezieht sich diese stets auf den Honorarsatz der Grundleistung nach § 44 HOAI bzw. der jeweils betrachteten Objekt- und/oder Fachplanungsleistung. Der Honorarsatz bei Umbauten oder Modernisierungen ermittelt sich unter Berücksichtigung der anrechenbaren Kosten einschließlich der mitzuverarbeitenden Bausubstanz nach § 4 Abs. 3 HOAI und dem Zuschlag nach § 44 Abs. 6 HOAI.

1.9 Soweit die Besonderen Leistungen nicht in v.H. des Tafelwertes bewertet sind, sind diese nach Zeitaufwand anhand der zwischen den Vertragsparteien vereinbarten Stundensätze zu vergüten. Sie können auch auf der Grundlage einer Aufwandsschätzung pauschaliert werden.

1.10 Das Schriftlichkeitsgebot gilt für die Besonderen Leistungen nicht. Sie sind bei mündlicher Beauftragung nach §§ 631, 632 BGB zu honorieren. Dennoch empfiehlt sich, den Nachweis der mündlichen Beauftragung durch schriftliche Vereinbarung vor Beginn der Leistung nachzuholen.

1.11 Bei fehlender schriftlicher Vereinbarung gilt für das Honorar der Grundleistungen der Mindestsatz.

Teil B:
Besondere Leistungen bei der Planung von Objekten der Wasser- und Abfallwirtschaft nach Teil 3 Abschnitt 3, § 41 HOAI

1. Besondere Leistungen vor Beginn der Leistungsphasen nach HOAI

Nr.	Bezeichnung der Besonderen Leistungen	Langtext/Erläuterungen/ Beispiele	Bewertung
0.1	**Bedarfsplanung** auf Grundlage der Systemanalyse	Eine Bedarfsplanung (z.B. nach DIN 18205) soll vor Eintritt in die Planungsphase die Bedürfnisse, Ziele und einschränkenden Gegebenheiten des Bauherrn und der Beteiligten ermitteln. Sie ist originäre Aufgabe des Bauherrn und kann von ihm an einen geeigneten Planer beauftragt werden. Erarbeitung von Alternativen sowie Vorschlag der zu realisierenden Lösung, z.B.: • Art der Abwasserableitung (Kanal auf Rädern, Druckrohrleitung, Freigefälleleitung, Eigenkläranlage etc.) • Festlegung von Sanierungsarten (Reparatur, Renovierung, Erneuerung) • Festlegung der Entwässerungsart (Trenn- oder Mischsystem) • Festlegung der Wasserversorgung (lokal, regional, überregional) • Art der Wasseraufbereitung • Standortanalyse • fachtechnische Berechnungen zum Bestand Das Ergebnis der Bedarfsplanung sollte in schriftlicher Form vor Beginn der Objekt- und Fachplanungen vorliegen. Die Bedarfsplanung ist nicht Gegenstand der Grundlagenermittlung des Planers (Lph. 1 HOAI). Der notwendige Umfang und die Bearbeitungstiefe sind im Vorfeld mit dem Bauherrn festzulegen.	nach Aufwand

1. Besondere Leistungen vor Beginn der Leistungsphasen nach HOAI

Nr.	Bezeichnung der Besonderen Leistungen	Langtext/Erläuterungen/ Beispiele	Bewertung
0.2	**Machbarkeitsstudie**	Werkzeug im Rahmen der Bedarfsplanung. Hier wird z.B. die Genehmigungsfähigkeit baurechtlich, landschafts- und wasserrechtlich abgeprüft.	nach Aufwand
0.3	Anfertigen von **hydrologischen Unterlagen**	Siehe hierzu AHO-Heft Nr. 12.[1]	
0.4	Anfertigen von **Kontroll- und Ergänzungsmessungen**	Siehe hierzu AHO-Heft Nr. 12.[2]	
0.5	Aufbau und Dokumentation von **Qualitäts- und Umweltmanagementsystemen**	nach den Anforderungen des Auftraggebers	nach Aufwand
0.6	Auswerten von **Wasser- und Abwasserproben**	Siehe hierzu AHO-Heft Nr. 12.[3]	
0.7	**Baustoffprüfungen**, **Laborleistungen**, **Analytik**	Vorbereiten der Vergabe und Auswertung zur Probennahme von Laborarbeiten und Analytik, z.B. Deponiegas, Versuchsbetrieb	nach Aufwand
0.8	Auswertung von **Betriebstagebüchern**	zur Schaffung von Bemessungsgrundlagen	nach Aufwand
0.9	Begleiten und Bewerten von optischen **Kanal- und Leitungsinspektionen**	Siehe hierzu AHO-Heft Nr. 12.[4]	
0.10	**Benchmarking**	Beschaffen und Auswerten von Kanaldaten zur Unternehmensberatung	nach Aufwand
0.11	Einführung, Anwendung und Fortschreibung von **GIS bzw. Fachinformationsdiensten**		nach Aufwand
0.12	Erstellen der Unterlagen für **Verbandsgründungen**	Beratung und Wirtschaftlichkeitsberechnungen	nach Aufwand

1 AHO-Schriftenreihe, Heft Nr. 12: HOAI – Arbeitshilfen zur Vereinbarung von Ingenieurverträgen für die Bearbeitung von Generalentwässerungsplänen (GEP), 2. Auflage 2014.
2 Wie vor.
3 Wie vor.
4 Wie vor.

Nr.	Bezeichnung der Besonderen Leistungen	Langtext/Erläuterungen/ Beispiele	Bewertung
0.13	**Bestandsaufnahme** von Leitungen (Wasser/Abwasser/Drainagen) und Sonderbauwerken. Erstellen von Belegungsplänen/**Leitungsbestandsplänen**	Auswerten der Bestandsunterlagen. Z.B. zeichnerische Darstellung, Schachtdatenerfassung, Größe, Topographie, Bebauung, Zugänglichkeit. Übernahme aller Bestandsinformationen über die im Plangebiet vorhandenen Ver- und Entsorgungseinrichtungen (Wasser, Gas, Elektro, Telefon etc.). Siehe hierzu AHO-Heft Nr. 12.[5]	nach Aufwand
0.14	Erstellen von **Bestandsplänen**	von bestehenden Objekten	nach Aufwand
0.15	**Standortanalyse**	z.B. Untersuchungen von Randbedingungen und Einflüssen am vorgegebenen Standort	nach Aufwand
0.16	Ermitteln von **Gefährdungs**- oder **Risikopotenzialen**	z.B. in Überschwemmungsgebieten, wassergefährdenden Stoffen	nach Aufwand
0.17	Betrachtung zur **Versorgungssicherheit**	z.B. Trinkwasser- und Stromversorgung. Bestimmung der Redundanz/Verfügbarkeit.	nach Aufwand
0.18	Digitale **Geländemodelle**	als Einzelleistung auf der Grundlage nichtdigitalisierter Geländeaufnahmen	nach Aufwand
0.19	Durchführen von **Befragungsaktionen** und deren Auswertung	z.B. für die Aufstellung eines Indirekteinleiterkatalogs. Siehe auch hierzu AHO-Heft Nr. 12.[6]	nach Aufwand
0.20	**BIM** (Building Information Modelling)	Alle Leistungen, die nicht durch die Grundleistungen der Objektplanung abgedeckt werden. z.B. 3-D-Modell erstellen, Verwaltung des BIM-Models etc.	nach Aufwand

5 Wie vor.
6 Wie vor.

1. Besondere Leistungen vor Beginn der Leistungsphasen nach HOAI

Nr.	Bezeichnung der Besonderen Leistungen	Langtext/Erläuterungen/ Beispiele	Bewertung
0.21	Vorbereiten und Begleiten von Versuchen und **Modellversuchen**	• Bestimmen des Versuchsprogramms • Entwurf, Aufbau und Betrieb von Modellen • Auswerten der Messprogramme und synoptische Darstellung der Untersuchungsergebnisse	nach Aufwand
0.22	**Monitoring**	Kennwerte erfassen und auswerten. z.B. Energieaudit	nach Aufwand
0.23	**Emissionsbetrachtungen** (zum Gewässerschutz)	z.B. Schmutzfrachtnachweise	nach Aufwand
0.24	Entwicklung einer **Bewirtschaftungsstrategie**	z.B. Steuerungskonzepte für Abwasserbehandlungsanlagen oder für die Wasserversorgung	nach Aufwand
0.25	Erarbeiten eines **Abfallkonzepts**	Ausarbeitungen zum Vermeiden, Verwerten oder Beseitigen von Abfällen, derer sich der Besitzer entledigt.	nach Aufwand
0.26	Erfassen und Erkunden von **Altlasten**	Siehe hierzu AHO-Heft Nr. 8.[7]	
0.27	Vorbereiten und Begleiten von **Kampfmittelräumungen**	Siehe hierzu AHO-Heft Nr. 18.[8]	
0.28	Ermitteln des vorhandenen **Abflussvermögens** eines Gewässers	z.B. im Rahmen von Ausbau- und Renaturierungsmaßnahmen	nach Aufwand
0.29	Erstellen eines **Abwasserkatasters**	Siehe hierzu AHO-Heft Nr. 12.[9]	
0.30	Erstellen von **Abwasserabgabeerklärungen**		nach Aufwand

7 AHO-Schriftenreihe, Heft Nr. 8: Untersuchungen zum Leistungsbild und zur Honorierung für den Planungsbereich „Altlasten“, 2. Auflage 2010.

8 AHO-Schriftenreihe, Heft Nr. 18: Planungsbereich „Baufeldfreimachung/Rückbau“, 2. Auflage 2014.

9 AHO-Schriftenreihe, Heft Nr. 12: HOAI – Arbeitshilfen zur Vereinbarung von Ingenieurverträgen für die Bearbeitung von Generalentwässerungsplänen (GEP), 2. Auflage 2014.

Nr.	Bezeichnung der Besonderen Leistungen	Langtext/Erläuterungen/ Beispiele	Bewertung
0.31	Erstellen von **Prognoseberechnungen**	Siehe hierzu AHO-Heft Nr. 12.[10]	
0.32	**Generalentwässerungsplanung**	Siehe hierzu AHO-Heft Nr. 12.[11]	
0.33	**Genehmigungsmanagement**, Begleiten bei Genehmigungsverfahren außerhalb der Objektplanung	Siehe hierzu AHO-Heft Nr. 19.[12]	
0.34	**Globalberechnung** für Wasser-/ Abwasserbeiträge	Durchführung/Fortführung der Leistungen zur Einführung einer gesplitteten Abwassergebühr, z.B. Gebührenbedarfsberechnung	nach Aufwand
0.35	Wassergütewirtschaftliche **Bewertung** von Gewässern	z.B. Gewässergüteuntersuchungen, Gewässerstrukturkartierung, Konzepte zur naturnahen Entwicklung, Immissionsbetrachtungen (BWK-M3, BWK-M7 bzw. künftig BWK-A3), wasserchemische Berechnungen, hydrologische und hydraulische Berechnungen	nach Aufwand
0.36	**Hydraulische Berechnung** bestehender Netze und Anlagen	Siehe hierzu auch AHO-Heft Nr. 12.[13]	
0.37	Erarbeitung von **Bewirtschaftungskonzepten** für Wasserver- und Entsorgungsanlagen	z.B. Kanalbewirtschaftung, Regenbeckensteuerung, Trinkwasserbehälterbewirtschaftung	nach Aufwand
0.38	Konzept zur **Klärschlammentsorgung** und **-verwertung**	z.B. Machbarkeitsstudie als Beiträge zur Bedarfsplanung nach DIN 18205	nach Aufwand
0.39	**Messprogramme**; Einrichten, Betrieb und Auswerten von **Messeinrichtungen**	z.B. für Wasserversorgung, Talsperren, Kanäle. Siehe hierzu auch AHO-Heft Nr. 12.[14]	nach Aufwand

10 Wie vor.

11 Wie vor.

12 AHO-Schriftenreihe, Heft Nr. 19: Neue Leistungsbilder zum Projektmanagement in der Bau- und Immobilienwirtschaft, 2004 (2. Auflage 2017 in Vorb.).

13 AHO-Schriftenreihe, Heft Nr. 12: HOAI – Arbeitshilfen zur Vereinbarung von Ingenieurverträgen für die Bearbeitung von Generalentwässerungsplänen (GEP), 2. Auflage 2014.

14 Wie vor.

Nr.	Bezeichnung der Besonderen Leistungen	Langtext/Erläuterungen/ Beispiele	Bewertung
0.40	Mitwirken beim Erstellen/Überarbeiten von **Finanzierungsmodellen** für Zuschüsse, Beihilfen, Darlehen	z.B. für eine Public-Private-Partnership (PPP) oder ein Betreibermodell (Build Operate Transfer BOT)	nach Aufwand oder mit 5 bis 10 v.H.
0.41	**Schmutzfrachtberechnungen** und **Langzeitsimulationen**	Siehe hierzu AHO-Heft Nr. 12.[15]	
0.42	**Schutzzonenfestlegung**	Ermitteln, Kartieren und Begründen der Wasserschutzzonen auf der Grundlage der dazu erstellten hydrogeologischen Ausarbeitungen	nach Aufwand
0.43	Übernahme der **Funktion des Auftraggebers**	Projektmanagement/Projektsteuerung, Koordinierung von Leistungen, Ausschreibung von Fachplanerleistungen, Koordinierung mit Gutachtern und Behörden während der Planungs- und Ausführungszeit. Siehe hierzu AHO-Hefte Nr. 9[16] und Nr. 19.[17]	
0.44	Überprüfen der **Objektplanung Dritter**	z.B. bei der Übernahme von Leistungen zur Bauüberwachung auf der Grundlage einer Planung Dritter (§ 8 Abs. 3 HOAI)	7 bis 15 v.H.
0.45	Untersuchungen zur **Fremdwasserproblematik**	z.B. qualitative und quantitative Erfassung von Fremdwasser	nach Aufwand
0.46	Untersuchungen zur **Modellierung der Wassergüte** in Ver- und Entsorgungsnetzen		nach Aufwand
0.47	**Wertermittlung** für vorhandene Anlagen und Netze aller Art		nach Aufwand

15 Wie vor.

16 AHO-Schriftenreihe, Heft Nr. 9: Projektmanagementleistungen in der Bau- und Immobilienwirtschaft, 4. Auflage 2014.

17 AHO-Schriftenreihe, Heft Nr. 19: Neue Leistungsbilder zum Projektmanagement in der Bau- und Immobilienwirtschaft, 2004 (2. Auflage 2017 in Vorb.).

Nr.	Bezeichnung der Besonderen Leistungen	Langtext/Erläuterungen/ Beispiele	Bewertung
0.48	Sicherung des **Kostenrahmenss**	Anhand überschlägiger Kostenschätzung z.B. anhand von vergleichbaren Referenzprojekten soll der Kostenrahmen nach DIN 276-4 Ziffer 3.4.1 und 3.4.2 abgesichert werden.	nach Aufwand oder mit 7 bis 12 v.H.
0.49	**Visualisierung**	z.B. Computeranimation für Öffentlichkeitsarbeit nach Vorgabe des Auftraggebers	nach Aufwand
0.50	**Datenkonvertierung**	Siehe hierzu AHO-Heft Nr. 12.[18] Z.B. Konvertieren von EDV-Daten von anderen an der Planung fachlich Beteiligten für die Weiterverwendung	

18 AHO-Schriftenreihe, Heft Nr. 12: HOAI – Arbeitshilfen zur Vereinbarung von Ingenieurverträgen für die Bearbeitung von Generalentwässerungsplänen (GEP), 2. Auflage 2014.

2. Besondere Leistungen in den Leistungsphasen der HOAI

Leistungsphase 1: Grundlagenermittlung

Nr.	Bezeichnung der Besonderen Leistungen	Langtext/Erläuterungen/ Beispiele	Bewertung
1.1	Auswahl und **Besichtigung** ähnlicher Objekte		nach Aufwand
1.2	Aufstellen eines **Funktionsprogramms**	Siehe hierzu AHO-Heft Nr. 34.[1]	
1.3	Aufstellen eines **Raumprogramms**	Teil der Bedarfsplanung wird am Anfang einer Bauplanung erstellt. Enthält z.B. eine Auflistung über alle Räume, z.B. bei Kläranlagen und Wasserwerken.	nach Aufwand
1.4	**Begutachtung** des Standorts mit besonderen Methoden	z.B. Bodenanalysen	nach Aufwand
1.5	Beschaffen bzw. Aktualisieren bestehender Planunterlagen, Erstellen von **Bestandskarten**	z.B. Beschaffen von Auszügen aus Grundbuch, Kataster und anderen amtlichen Unterlagen, von Lageplänen, Längsschnitten, Bauwerksplänen; hierzu gehören auch Bebauungspläne, Flächennutzungspläne, USG, FFH, NSG etc., soweit sie nicht bereitgestellt werden.	nach Aufwand
1.6	**Konvertieren von EDV-Daten** von anderen an der Planung fachlich Beteiligten für einen Datenaustausch		nach Aufwand
1.7	**Fotodokumentationen**		nach Aufwand
1.8	Ermitteln besonderer, in den Normen nicht festgelegter Einwirkungen	z.B. Erdbebensicherheit	nach Aufwand
1.9	Mitwirken bei Grundstücks- und **Objektauswahl**, -beschaffung und -übertragung	Beratung zu fachlichen, technischen und konstruktiven Fragestellungen	nach Aufwand

1 AHO-Schriftenreihe, Heft Nr. 34: Besondere Leistungen bei der Objektplanung Gebäude und Innenräume, 2016.

2. Besondere Leistungen in den Leistungsphasen der HOAI

Nr.	Bezeichnung der Besonderen Leistungen	Langtext/Erläuterungen/ Beispiele	Bewertung
1.10	**Projektstrukturplanung** Aufstellen und Fortschreiben	Aufteilung des Projekts in Teilaufgaben und Arbeitspakete (Termine und Kosten)	nach Aufwand
1.11	Prüfen der **Umweltverträglichkeit**	Diese Leistung beinhaltet nicht das Erarbeiten der Studie, sondern die Bewertung der Notwendigkeit einer solchen Studie.	nach Aufwand
1.12	Mitwirken bei der Vergabe von **Planungs- und Gutachterleistungen**		nach Aufwand
1.13	Beurteilen und Bewerten der **vorhandenen Bausubstanz**, von Bauteilen, Materialien und Einbauten		nach Aufwand

Leistungsphase 2: Vorplanung

Nr.	Bezeichnung der Besonderen Leistungen	Langtext/Erläuterungen/ Beispiele	Bewertung
2.1	Vertiefte Untersuchungen zum Nachweis von **Nachhaltigkeitsaspekten**	z.B. Energieeffizienz	nach Aufwand
2.2	**Wirtschaftlichkeitsuntersuchung**	Gegenüberstellung von Nutzen und Kosten. Hierzu gehören z.B. die Kostenvergleichsberechnung und die Amortisationsrechnung, Lebenszykluskosten, Rentabilitätsberechnungen.	nach Aufwand
2.3	**Nachhaltigkeitsbetrachtung**	vertiefte Untersuchungen, z.B. Ökobilanzierung, Gesundheit, Lebenszyklusanalyse	nach Aufwand
2.4	Aufstellen einer **vertieften Kostenschätzung** nach Positionen einzelner Gewerke		nach Aufwand
2.5	Aufstellen eines **Finanzierungsplans**		nach Aufwand
2.6	**Betriebskostenberechnungen**	z.B. für Pumpwerke	nach Aufwand
2.7	Mitwirken bei der **Kredit**- und **Fördermittelbeschaffung** und **Beschäftigungsmaßnahmen**		nach Aufwand
2.8	Anfertigen von besonderen **Präsentationshilfen**, die für die Klärung im Planungsprozess nicht notwendig sind	• z.B. 3-D-Darstellung, Animation und Visualisierung von Ingenieurbauwerken • Präsentationsmodelle: – perspektivische Darstellungen – bewegte Darstellung/Animation – Farb- und Materialcollagen – digitales Geländemodell	nach Aufwand
2.9	Aufstellen eines **Pflichtenheftes** für Fachplanungen	z.B. als Grundlage für die Baugrundbeurteilung und Gründungsberatung, EMSR-Planung oder Planungen Dritter	nach Aufwand
2.10	Bewertung **hydrogeologischer Grundlagen**	z.B. Auswirkungen von Grundwasserabsenkungen	nach Aufwand

Nr.	Bezeichnung der Besonderen Leistungen	Langtext/Erläuterungen/ Beispiele	Bewertung
2.11	Ergänzen der Vorplanungsunterlagen aufgrund besonderer Anforderungen	bedarfsweise zu erstellende Arbeitsunterlagen zur Vorbereitung der Auftraggeberleistung „Entscheidung im Planungsprozess"	nach Aufwand
2.12	**Öffentlichkeitsarbeit** bei Planung und Baumaßnahme	• Entwurf und Herstellung von Informationsmaterial • Unterstützung bei Veranstaltungen	nach Aufwand
2.13	Untersuchungen von **alternativen Lösungsmöglichkeiten** nach verschiedenen Anforderungen	Die in der Vorplanung zur Anerkennung des vollen Vergütungssatzes geforderte Grundleistung beinhaltet nur die Untersuchung von Varianten zur baulichen Ausführung. Die Ausarbeitung von Alternativen ist eine Besondere Leistung und nicht zu verwechseln mit einer Variantenuntersuchung. Varianten sind z.B.: • Rechteck- oder Rundbecken • offene oder geschlossene Bauweise • Spundwände oder Bohrpfähle Alternativen sind z.B.: • Stauraumkanal oder Rückhaltebecken • Sanierungsart: Reparatur, Renovierung oder Erneuerung	nach Aufwand Wird eine Kostenschätzung erforderlich oder verlangt, gelten die Vergütungssätze der HOAI.
2.14	Vorläufige nachprüfbare **fachtechnische Berechnungen**	z.B. der Gründung oder wesentlicher tragender Teile	nach Aufwand
2.15	Erarbeiten und Erstellen von besonderen **bauordnungsrechtlichen Nachweisen**	z.B. für den vorbeugenden und organisatorischen Brandschutz	nach Aufwand
2.16	Erarbeiten von Unterlagen für besondere technische **Prüfverfahren**	z.B. Schwingungsnachweise und Festigkeitsnachweise, Planung nach Maschinenrichtlinie, CE-Kennzeichnung	nach Aufwand

Leistungsphase 3: Entwurfsplanung

Nr.	Bezeichnung der Besonderen Leistungen	Langtext/Erläuterungen/ Beispiele	Bewertung
3.1	Fortschreiben der **Wirtschaftlichkeitsuntersuchungen**		nach Aufwand
3.2	Analyse der Alternativen bzw. Varianten und deren Wertung mit **Kostenuntersuchung**	aus nachträglich gestellten Anforderungen	nach Aufwand
3.3	**Fiktivkostenberechnungen**	z.B. Kostenteilung nach Anforderung des Bauherrn	3 bis 5 v.H. je Berechnung
3.4	Abrufen von **Fördermitteln**		nach Aufwand
3.5	Aufstellen und Berechnen von **Lebenszykluskosten**		5 bis 8 v.H.
3.6	**Betriebskostenberechnungen**		nach Aufwand
3.7	Mitwirken bei **Verwaltungsvereinbarungen** und Zustimmung Betroffener	z.B. Kostenteilungsvereinbarungen, Vereinbarung zur Benutzung von Grundstücken und Liegenschaften	nach Aufwand
3.8	Klären der **Eigentumsverhältnisse** und Mitwirken bei der Beschaffung von **Zustimmungserklärungen**		nach Aufwand
3.9	Mieter- oder **Nutzerbefragungen**		nach Aufwand
3.10	Aufstellen von integrierten **Terminplänen**	z.B. Integration anderer Vorhaben	nach Aufwand
3.11	Mitwirken bei **Beteiligungsverfahren** oder **Workshops**		nach Aufwand
3.12	Nachweis der zwingenden Gründe des überwiegenden öffentlichen Interesses der Notwendigkeit der Maßnahme	z.B. Gebiets- und Artenschutz gemäß der Richtlinie 92/43/EWG des Rates vom 21. Mai 1992 zur Erhaltung der natürlichen Lebensräume sowie der wildlebenden Tiere und Pflanzen (Fauna-Flora-Habitat-Richtlinie – FFH-Richtlinie)	nach Aufwand

Nr.	Bezeichnung der Besonderen Leistungen	Langtext/Erläuterungen/ Beispiele	Bewertung
3.13	**Moderation** von Planungsverfahren		nach Aufwand
3.14	Beteiligung von externen **Initiativ- und Betroffenengruppen** bei Planung und Ausführung		nach Aufwand
3.15	Einholen von Angeboten oder Mitwirken am **Vergabeverfahren** von Leistungen Dritter für die Durchführung der Ingenieurleistung	z.B. Baugrundgutachten, Vermessung, Sachverständigenbeauftragung, Lastenhefte für die EMSR-Technik	nach Aufwand
3.16	Erarbeiten **besonderer Darstellungen**	z.B. Modelle, Präsentationen, Perspektiven, Animationen	nach Aufwand
3.17	Erstellen und Fortschreiben von **Raumbüchern**	z.B. für Kläranlagen, Wasserwerke	2 bis 4 v.H.
3.18	Überarbeitung von **Betriebsplanungen**	z.B. für Deponien oder wasserwirtschaftliche Anlagen	nach Aufwand
3.19	Erarbeiten und Erstellen von besonderen bauordnungsrechtlichen Nachweisen für den vorbeugenden und organisatorischen **Brandschutz**		nach Aufwand
3.20	Erarbeiten von Unterlagen für **besondere technische Prüfverfahren**	z.B. Schwingungsnachweise und Festigkeitsnachweise	nach Aufwand
3.21	Erfassen, Berechnen oder Untersuchen von **Zwischenzuständen**, die vom Endzustand abweichen		nach Aufwand

Leistungsphase 4: Genehmigungsplanung

Nr.	Bezeichnung der Besonderen Leistungen	Langtext/Erläuterungen/ Beispiele	Bewertung
4.1	Änderung von Genehmigungsunterlagen	Änderungen bzw. Neuerstellung von bereits erarbeiteten und eingereichten Genehmigungsunterlagen infolge von Umständen, die der Auftragnehmer nicht zu vertreten hat, z.B. durch Novellierung von Gesetzen, Verordnungen, Normen oder Richtlinien.	nach Aufwand
4.2	**Einzelnachweis** zur schadensfreien Ableitung von in Vorfluter zusätzlich eingeleitetem Wasser	z.B. zur Vorbereitung des Antrags	nach Aufwand
4.3	Erstellen von Anträgen für **wasserrechtliche Genehmigungen** und Erlaubnisse für vorhandene Objekte	z.B. Entnahmen aus Gewässern, Einleitungen in Gewässer	nach Aufwand
4.4	Erstellen von **wasserrechtlichen Anträgen** für Erlaubnisse und Bewilligungen	z.B. Wasserrechts- und Wasserschutzgebietsanträge für Brunnen, Quellen, einschließlich Begleitung des Genehmigungsverfahrens	nach Aufwand
4.5	Erstellen eines **Überflutungsnachweises**	z.B. für Grundstücksentwässerungsanlagen (DIN 1986) oder Erschließungsgebiete (DWA-A 118)	nach Aufwand
4.6	Erstellen von Anträgen auf **vorzeitigen Maßnahmenbeginn** bei bezuschussten Objekten		nach Aufwand
4.7	Fachliche und organisatorische Unterstützung des Bauherrn im **Widerspruchsverfahren**, **Klageverfahren** oder ähnlichen Verfahren		nach Aufwand
4.8	Erstellen von **Gestattungsunterlagen** zur Kreuzung von Leitungen mit anderen Objekten	Kreuzungsanträge z.B. für Straßen, Bahn, Gewässer, Leitungen und Gebäude	nach Aufwand

Leistungsphase 5: Ausführungsplanung

Nr.	Bezeichnung der Besonderen Leistungen	Langtext/Erläuterungen/ Beispiele	Bewertung
5.1	Objektübergreifende, integrierte **Bauablaufplanung**		10 bis 20 v.H. je Objekt
5.2	**Koordination** des Gesamtprojekts	Leistungen des Projektmanagements; siehe AHO-Heft Nr. 9.[1]	
5.3	Aufstellen von **Ablauf- und Netzplänen**	mit einmaliger Fortschreibung	0,5 bis 1,5 v.H.
5.4	Planen von untergeordneten Anlagen der **Verfahrens- und Prozesstechnik im Wasserbau** gemäß § 41 Nr. 3 HOAI (anrechenbare Kosten < 5 v.H. der anrechenbaren Kosten der Objektplanung)	Planungsleistungen für nutzungsspezifische Anlagen und verfahrenstechnische Anlagen sind in § 53 Abs. 2 Nr. 7 HOAI gelistet und sind Grundleistungen des Teils 4 Fachplanungen, Abschnitt 2 Technische Ausrüstung, Anlagengruppe 7.2.	nach Aufwand
5.5	Mitwirken bei **Anlagenkennzeichnungssystem** (AKS)		nach Aufwand
5.6	Prüfen und **Anerkennen von Plänen Dritter**, nicht an der Planung fachlich Beteiligter auf Übereinstimmung mit den Ausführungsplänen, soweit die Leistungen Anlagen betreffen, die in den anrechenbaren Kosten nicht erfasst sind	z.B. Werkstattzeichnungen von Unternehmen, Aufstellungs- und Fundamentpläne nutzungsspezifischer oder betriebstechnischer Anlagen	nach Aufwand
5.7	**Werkstattzeichnungen** im Stahl- und Holzbau einschließlich Stücklisten, Elementpläne für Stahlbetonfertigteile einschließlich Stahl- und Stücklisten		nach Aufwand
5.8	Mitwirkung bei **Detailplanungen** mit besonderem Aufwand	z.B. in 3D oder bei besonderen Anforderungen an die Gestaltung	nach Aufwand
5.9	Prüfen der Pläne des **Generalunternehmers** nach den Anforderungen des Bauvertrages	Der Generalunternehmer ist der Ersteller der Ausführungspläne und/oder der Werkstattzeichnungen.	10 bis 25 v.H.

1 AHO-Schriftenreihe, Heft Nr. 9: Projektmanagementleistungen in der Bau- und Immobilienwirtschaft, 4. Auflage 2014.

Leistungsphase 6: Vorbereiten der Vergabe

Nr.	Bezeichnung der Besonderen Leistungen	Langtext/Erläuterungen/ Beispiele	Bewertung
6.1	Detaillierte **Planung von Bauphasen** bei besonderen Anforderungen	z.B. Bauen bei laufendem Betrieb	nach Aufwand
6.2	Alternative **Leistungsbeschreibung** für geschlossene Leistungsbereiche		nach Aufwand
6.3	Aufstellen der Leistungsbeschreibungen mit **Leistungsprogramm** auf der Grundlage der detaillierten Objektbeschreibung	Diese Besondere Leistung wird bei einer Leistungsbeschreibung mit Leistungsprogramm ganz oder teilweise zur Grundleistung. In diesem Fall entfallen die Grundleistungen dieser Leistungsphase.	bei zusätzlicher Ausführung 5,0 bis 6,5 v.H.
6.4	Aufstellen von **vergleichenden Kostenübersichten** unter Auswertung der Beiträge anderer an der Planung fachlich Beteiligter	z.B. Kostengegenüberstellung von alternativen Materialien oder Ausführungsdetails	0,5 bis 1,5 v.H.
6.5	Besondere Ausarbeitungen für **Selbsthilfearbeiten**	z.B. Laborleistungen, Baumaterialien	nach Aufwand
6.6	Erarbeitung von **Wartungsplanungen** und **-organisation**	z.B. Wartungsvorgaben für Pumpwerke oder Hochwasserrückhaltebecken	nach Aufwand
6.7	Veröffentlichen von **Vergabeverfahren**	Verfassen und Publizieren von Vergabeverfahren (z.B. in Tageszeitungen, Internetportalen)	nach Aufwand
6.8	Mitwirken bei **Präqualifikationsverfahren**	für die Vergabe von Bauleistungen nach Teilnahmewettbewerb	nach Aufwand
6.9	Vorbereiten der Unterlagen nach besonderen Anforderungen des Auftraggebers	z.B. bei Verwendung auftraggeberspezifischer Leistungskataloge, abrechnungstechnisch bedingter Gliederungen der Leistungsverzeichnisse	3 bis 5 v.H.
6.10	**Baustelleneinrichtungsplan** als Beilage zum Leistungsverzeichnis		nach Aufwand

Leistungsphase 7: Mitwirken bei der Vergabe

Nr.	Bezeichnung der Besonderen Leistungen	Langtext/Erläuterungen/ Beispiele	Bewertung
7.1	Prüfen und Werten von **Nebenangeboten**		nach Aufwand
7.2	Mitwirken bei der Prüfung und Wertung der Angebote Leistungsbeschreibung mit **Leistungsprogramm**	Diese Besondere Leistung wird bei einer Leistungsbeschreibung mit Leistungsprogramm ganz oder teilweise zur Grundleistung. In diesem Fall entfallen die entsprechenden Grundleistungen dieser Leistungsphase.	bei zusätzlicher Ausführung 2 bis 2,5 v.H.
7.3	Aufstellen, Prüfen und Werten von **Preisspiegeln** nach besonderen Anforderungen	z.B. nach Bauabschnitten, Nutzer-/ Nutzungsbereichen, Förderbedingungen und Budgetvorgaben	nach Aufwand
7.4	Mitwirken bei der **Mittelabflussplanung**	• Darstellen des im Planungs- und Bauablaufs erforderlichen Finanzmittelbedarfs • Ermitteln der Termine von Zahlungsverpflichtungen	nach Aufwand
7.5	Fachliche Vorbereitung und Mitwirken bei **Nachprüfungsverfahren**	• Unterstützung des Auftraggebers bei Nachprüfungsverfahren zur Vergabe • Vorbereiten der erforderlichen Unterlagen • Erstellen ggf. erforderlicher zusätzlicher Nachweise und Begründungen • Teilnahme an Erörterungsterminen	nach Aufwand
7.6	Erstellen eines **Vergabevermerks**	Übernahme der Pflicht des Auftraggebers zur Erstellung des Vergabevermerks	nach Aufwand
7.7	Mitwirken bei der Prüfung von **bauwirtschaftlich begründeten Angeboten**	Prüfen von zusätzlichen Angeboten vor der Vergabe, z.B. im Rahmen eines Bietergesprächs	nach Aufwand

Leistungsphase 8: Bauoberleitung

Nr.	Bezeichnung der Besonderen Leistungen	Langtext/Erläuterungen/ Beispiele	Bewertung
8.1	**Kostenkontrolle**		0,3 bis 0,5 v.H.
8.2	Prüfen von **Nachträgen**		nach Aufwand
8.3	Erstellen von **Bestandsplänen**	des fertiggestellten Objekts	nach Aufwand
8.4	**Örtliche Bauüberwachung**	Siehe hierzu AHO-Heft Nr. 2.[1]	Honorar als Prozentsatz der anrechenbaren Kosten (Regelsatz):
		• 25.000 €	3,1 bis 4,1 (3,6)
		• 1.0 Mio. €	2,9 bis 3,9 (3,4)
		• 15.0 Mio. €	2,5 bis 3,5 (3,0)
		• 25.0 Mio. €	1,9 bis 2,9 (2,4)
8.4.1	Plausibilitätsprüfung der Absteckung		siehe Nr. 8.4
8.4.2	Überwachen der Ausführung der Bauleistungen		siehe Nr. 8.4
8.4.2.1	Mitwirken beim Einweisen des Auftragnehmers in die Baumaßnahme	z.B. Bauanlaufbesprechung	siehe Nr. 8.4
8.4.2.2	Überwachen der Ausführung des Objekts auf Übereinstimmung mit den zur Ausführung freigegebenen Unterlagen, dem Bauvertrag und den Vorgaben des Auftraggebers		siehe Nr. 8.4
8.4.2.3	Prüfen und Bewerten der Berechtigung von Nachträgen		siehe Nr. 8.4
8.4.2.4	Durchführen oder Veranlassen von Kontrollprüfungen		siehe Nr. 8.4

1 AHO-Schriftenreihe, Heft Nr. 2: Örtliche Bauüberwachung bei Ingenieurbauwerken und Verkehrsanlagen, 2014.

Nr.	Bezeichnung der Besonderen Leistungen	Langtext/Erläuterungen/ Beispiele	Bewertung
8.4.2.5	Überwachen der Beseitigung der bei der Abnahme der Leistungen festgestellten Mängel		siehe Nr. 8.4
8.4.2.6	Dokumentation des Bauablaufs	Sammeln von Bautagesberichten und/oder Besprechungsprotokollen, Erstellen des Bautagebuchs, gelegentliche Fotos (keine Fotodokumentation)	siehe Nr. 8.4
8.4.3	Mitwirken beim Aufmaß mit den ausführenden Unternehmen und Prüfen der Aufmaße		siehe Nr. 8.4
8.4.4	Mitwirken bei behördlichen Abnahmen		siehe Nr. 8.4
8.4.5	Mitwirken bei der Abnahme von Leistungen und Lieferungen		siehe Nr. 8.4
8.4.6	Rechnungsprüfung, Vergleich der Ergebnisse der Rechnungsprüfungen mit der Auftragssumme		siehe Nr. 8.4
8.4.7	Mitwirken beim Überwachen der Prüfung der Funktionsfähigkeit der Anlagenteilen und der Gesamtanlage		siehe Nr. 8.4
8.4.8	Überwachen der Ausführung von Tragwerken nach Anlage 14.2 Honorarzone I und II mit sehr geringen und geringen Planungsanforderungen auf Übereinstimmung mit dem Standsicherheitsnachweis		siehe Nr. 8.4
8.5	Ingenieurtechnische **Kontrolle** der Ausführung des Tragwerks nach Anlage 14.2 Honorarzone III bis V auf Übereinstimmung mit dem **Standsicherheitsnachweis**		nach Aufwand
8.6	Aufstellen, Überwachen und Fortschreiben eines **Zahlungsplans**		nach Aufwand

Nr.	Bezeichnung der Besonderen Leistungen	Langtext/Erläuterungen/ Beispiele	Bewertung
8.7	Aufstellen, Überwachen und Fortschreiben von differenzierten **Zeit**-, **Kosten**- oder **Kapazitätsplänen**		nach Aufwand
8.8	**Künstlerische Oberleitung**		5 bis 7 v.H.
8.9	**Baustellenberatung** im Zuge der Bauausführung ohne Bauüberwachungsauftrag		2 bis 4 v.H.
8.10	Betreuung von **Untersuchungsprogrammen** zu Schadstoffen bzw. Emissionen während der Bauausführung		nach Aufwand
8.11	**Dokumentation des Bauablaufs und des Bauergebnisses** nach besonderen Anforderungen des Auftraggebers	z.B. ausführliche Fotodokumentation	nach Aufwand
8.12	Einweisen des **Betriebspersonals**		nach Aufwand
8.13	Einzelabrechnung von **Grundstücksanschlussleitungen**		nach Aufwand
8.14	Erstellen einer fiktiven Schlussrechnung, z.B. bei **Insolvenz**	z.B. Erstellen der Abrechnungsunterlagen für den erreichten Bauzustand; Feststellung der vertragsgemäß fertiggestellten respektive weiterverwendbaren Lieferungen und Leistungen	2 bis 4 v.H.
8.15	Planen, Mitwirken und Überwachen von Leistungen infolge von **Nutzungsaufnahme** – vor Objektfertigstellung	Entwickeln von erforderlichen Interimsmaßnahmen zur vorgezogenen Inbetriebnahme und Nutzung von Teilbereichen eines Objekts. Erbringen aller dafür erforderlichen Planungs-, Vergabe- und Umsetzungsleistungen. Beschaffen erforderlicher behördlicher Genehmigungen.	nach Aufwand

Nr.	Bezeichnung der Besonderen Leistungen	Langtext/Erläuterungen/ Beispiele	Bewertung
8.16	Erstellen fachübergreifender **Betriebsanleitungen**	Das Erstellen von Betriebs-, Wartungs- und Bedienungsanleitungen ist gemäß VOB/C Vertragsbestandteil der ausführenden Unternehmen. Das Zusammenfügen aller Unterlagen der verschiedenen ausführenden Unternehmen in einem Dokument/Handbuch ist eine sinnvolle Besondere Leistung zur Erleichterung der Wartung und Bedienung sowie der Reparaturen, wenn diese Leistungen mit eigenem Personal erbracht werden sollen; z.B. Betriebshandbuch.	nach Aufwand
8.17	Fachliches und organisatorisches Unterstützen des Bauherrn im **Widerspruchsverfahren**, Klageverfahren oder Ähnlichem		nach Aufwand
8.18	**Fördermittelmanagement**, Fördermittelantrag einschließlich Auszahlungsanträge und **Verwendungsnachweisen**		3 bis 5 v.H.
8.19	Information und Einbinden der von der Baumaßnahme Betroffenen durch **Projektpräsentation**, **Veröffentlichungen**, Erläutern vor Ort	Herstellen und Bearbeiten von objektbezogenen Zeichnungen, Grafiken, Visualisierungen zur Präsentation auf dem Baufeld, in den Medien oder bei objektbezogenen Veranstaltungen, z.B. Werbematerial, Web-Präsentationen, Infostände, Durchführen von Öffentlichkeitsveranstaltungen	nach Aufwand
8.20	**Betontechnologische Beratung**		1,5 bis 3,0 v.H.
8.21	Kontrolle der Betonherstellung und -verarbeitung auf der Baustelle in besonderen Fällen sowie Auswertung der **Güteprüfungen**		nach Aufwand

Nr.	Bezeichnung der Besonderen Leistungen	Langtext/Erläuterungen/ Beispiele	Bewertung
8.22	Koordination der Bauausführung aufgrund **archäologischer Untersuchungen**		nach Aufwand
8.23	Leistungen der Bauoberleitung bei **Bauzeitverlängerungen**, die nicht vom Ingenieur zu verantworten sind, auch bei verspäteter Abgabe von Nachträgen oder der Schlussrechnung	Diese Leistungen fallen an, wenn die Bauzeit bei einer geplanten Bauzeit bis zu 13 Monaten um 15 % überschritten wird, bei allen geplanten Bauzeiten größer als 13 Monaten, wenn diese um 20 % überschritten wird.	Vergütung anteilig des Grundhonorars für die Bauoberleitung
8.24	Mithilfe beim **Einfahren** einer Anlage, **Ausbildung** des Personals		nach Aufwand
8.25	Mitwirken bei **Ersatzvornahme**	z.B. Feststellen des Leistungsumfangs und der zugehörigen Kosten	nach Aufwand
8.26	Tätigkeit als verantwortlicher **Bauleiter** des Auftraggebers (gemäß Landesbauordnung)		3 bis 5 v.H.
8.27	Teilnahme an **Beweissicherungsverfahren**		nach Aufwand
8.28	**Umweltbaubegleitung**	Siehe hierzu AHO-Heft Nr. 27.[2]	
8.29	Veranlassung, Beaufsichtigung und Abrechnung von **Entschädigungen** und **Schadensersatzleistungen**		nach Aufwand
8.30	**Wiederholtes Prüfen** von Plänen auf Übereinstimmung mit dem auszuführenden Objekt und Mitwirken bei deren Freigabe	Einmaliges Prüfen ist eine Grundleistung. Jede darüber hinausgehende Prüfung ist gesondert zu vergüten.	nach Aufwand
8.31	**Prüfen** der von ausführenden Unternehmen aufgrund der Leistungsbeschreibung mit Leistungsprogramm ausgearbeiteten **Ausführungspläne** auf Übereinstimmung mit der Planung	Honorar ist abhängig von dem Schwierigkeitsgrad und der Anzahl der ausgearbeiteten Ausführungspläne.	4 bis 9 v.H.

2 AHO-Schriftenreihe, Heft Nr. 27: Umweltbaubegleitung, 2. Auflage 2017.

Nr.	Bezeichnung der Besonderen Leistungen	Langtext/Erläuterungen/ Beispiele	Bewertung
8.32	Durchführen von **Leistungsmessungen** und **Funktionsprüfungen**	Durchführen von bzw. Mitwirken bei Leistungs- und Funktionsmessungen, z.B. an luft- und klimatechnischen Anlagen, gemeinsam mit den ausführenden Unternehmen. Überprüfen der Garantiewerte als Grundlage für die Abnahme.	6 v.H.
8.33	**Werksabnahmen**	Abnahmen von Anlagen und Geräten im Werk des Herstellers vor der Auslieferung auf die Baustelle.	nach Aufwand
8.34	Prüfen von **Bestandsunterlagen** der ausführenden Unternehmen	Plausibilitätsprüfung der Revisionsunterlagen der ausführenden Firmen, bestehend u.a. aus Bestandsplänen sowie Bedienungs- und Wartungsunterlagen, auf Richtigkeit.	3 bis 6 v.H.
8.35	Teilnahme an **Grunderwerbsverhandlungen**		nach Aufwand
8.36	Prüfen der Ausführungspläne bei **Nebenangeboten**		nach Aufwand
8.37	**Prüfen von Plänen** Dritter, soweit die Leistungen Anlagen betreffen, die in den anrechenbaren Kosten nicht erfasst sind (keine Planung nach Teil 3 Abschnitt 4 HOAI), auf Übereinstimmung mit den Ausführungsplänen	z.B. Werkstattzeichnungen von Unternehmen, Aufstellungs- und Fundamentpläne von Maschinenlieferanten	nach Aufwand
8.38	Mitwirken bei der Erstellung des **Pflichtenheftes**	Das Pflichtenheft ist im Regelfall durch den beauftragten Lieferanten zu erstellen.	nach Aufwand
8.39	**Hygieneplan**	zur Sicherstellung der einwandfreien hygienischen Baubedingungen bei Anlagen der Wasserversorgung	nach Aufwand

Leistungsphase 9: Objektbetreuung

Nr.	Bezeichnung der Besonderen Leistungen	Langtext/Erläuterungen/ Beispiele	Bewertung
9.1	Überwachen der **Mängelbeseitigung** innerhalb der Verjährungsfrist		nach Aufwand
9.2	Aufbereiten der Planungs- und Kostendaten für eine Objektdatei oder **Kostenrichtwerte**		nach Aufwand
9.3	Aufstellen von **Ausrüstungs- und Inventarverzeichnissen**		nach Aufwand
9.4	**Baubegehungen** nach Übergabe des Objektes	z.B. Durchführung der regelmäßig nach der RÜV erforderlichen Begehungen	nach Aufwand
9.5	**Beweissicherung** in fachtechnischer Hinsicht	Mitwirken bei der Sicherung von Beweisen für sich anbahnende juristische Auseinandersetzung in Zusammen mit betreuten Objekten	nach Aufwand
9.6	Erstellen einer **Bestandsdokumentation**	z.B. Bestandspläne, Anlagendokumentation	nach Aufwand
9.7	Erstellen eines **Instandhaltungskonzepts**		nach Aufwand
9.8	Erstellen von **Wartungs- und Pflegeanweisungen**		nach Aufwand
9.9	Evaluieren von **Wirtschaftlichkeitsberechnungen**		nach Aufwand
9.10	**Objektbeobachtung**	z.B. für Benchmarking oder Optimierung von Anlagen	nach Aufwand
9.11	Überwachen von **Wartungsleistungen**		nach Aufwand
9.12	Überwachung der **Entwicklungs- und Unterhaltungspflege**		nach Aufwand

3. Besondere Leistungen nach dem Ende der Leistungsphasen nach HOAI

Nr.	Bezeichnung der Besonderen Leistungen	Langtext/Erläuterungen/ Beispiele	Bewertung
10.1	Erstellen von **Alarm-, Flucht- und Rettungswegplänen**, Katastrophenplänen		nach Aufwand
10.2	Erstellen von **Bauwerksbüchern** für Anlagen der Wasserver- und Abwasserentsorgung, für Hochwasserschutzmaßnahmen und andere Objekte des Wasserbaus, z.B. Beckenbuch		nach Aufwand
10.3	Erstellen von **Verwendungsnachweisen** für Fördermittel/ Zuschüsse		3 bis 5 v.H.
10.4	Verfahrens- und prozesstechnische **Betriebsberatung**	z.B. Schulung des Betriebspersonals	nach Aufwand
10.5	**Optimierung** von Anlagen		nach Aufwand
10.6	**Störfallplan**	Erstellen eines speziellen Störfallplans für wasserwirtschaftliche Anlagen, z.B. Kläranlagen, Wasserwerke	nach Aufwand

Stichwortverzeichnis

Ausschuss der Verbände und Kammern
der Ingenieure und Architekten
für die Honorarordnung e.V.

Der AHO – Tradition und gewachsene Kompetenz

Der AHO Ausschuss der Verbände und Kammern der Ingenieure und Architekten für die Honorarordnung e.V. ist der Zusammenschluss maßgeblicher Ingenieurverbände, der Länderingenieurkammern Deutschlands und einiger Architektenkammern und -verbände. Als Fachverband wahrt und vertritt er die Honorar- und Wettbewerbsinteressen von Ingenieuren und Architekten.

Die Facharbeit des AHO wird in themenbezogen zusammengestellten Arbeitsgremien von hochqualifizierten Ingenieuren und Architekten ehrenamtlich geleistet. Im Mittelpunkt stehen die Diskussionen von Grundsatzfragen zum Honorar- und Wettbewerbsrecht, die Weiterentwicklung der bestehenden Leistungsbilder der Verordnung über die Honorare für Architekten- und Ingenieurleistungen (Honorarordnung für Architekten und Ingenieure – HOAI) sowie die Erarbeitung neuer Leistungsbilder. Beratungsergebnisse aus den einzelnen Arbeitsgremien werden in der Schriftenreihe des AHO als Praxishilfe für Auftragnehmer und Auftraggeber veröffentlicht.

Ausschuss der Verbände und Kammern
der Ingenieure und Architekten
für die Honorarordnung e.V.

Mitgliedsorganisationen im AHO

Verbände

abv Arbeitskreis Beratende Ingenieure – Vermessung – im BDB Baden-Württemberg

BAB Berufsverband freischaffender Architekten und Bauingenieure e.V.

BDB Bund Deutscher Baumeister, Architekten und Ingenieure e.V.

BDG Berufsverband Deutscher Geowissenschaftler e.V.

BDK Bundesverband Deutscher Baukoordinatoren e.V.

BDVI Bund der Öffentlich bestellten Vermessungsingenieure e.V.

BVPI Bundesvereinigung der Prüfingenieure für Bautechnik e.V.

BVS Bundesverband öffentlich bestellter und vereidigter sowie qualifizierter Sachverständiger e.V.

DVP Deutscher Verband der Projektmanager in der Bau- und Immobilienwirtschaft e.V.

IGVB Ingenieurverband Geoinformation und Vermessung Bayern e.V.

UBF Unabhängige Berater für Fassadentechnik e.V.

VBI Verband Beratender Ingenieure

VDI Verein Deutscher Ingenieure e.V.

VDV Verband Deutscher Vermessungsingenieure e.V.

VIV Verband der Ingenieurbüros für Verkehrstechnik e.V.

V.S.G.K. Verband der Sicherheits- und Gesundheitsschutzkoordinatoren Deutschlands e.V.

Kammern

Architektenkammer Baden-Württemberg

Architektenkammer der Freien Hansestadt Bremen

Architektenkammer Sachsen

Architektenkammer Thüringen

Architekten- und Ingenieurkammer Schleswig-Holstein

Architekten- und Stadtplanerkammer Hessen

Baukammer Berlin

Bayerische Architektenkammer

Bayerische Ingenieurekammer-Bau

Brandenburgische Ingenieurkammer

Hamburgische Ingenieurkammer-Bau

Ingenieurkammer Baden-Württemberg

Ingenieurkammer-Bau Nordrhein-Westfalen

Ingenieurkammer der Freien Hansestadt Bremen

Ingenieurkammer des Saarlandes

Ingenieurkammer Hessen

Ingenieurkammer Mecklenburg-Vorpommern

Ingenieurkammer Niedersachsen

Ingenieurkammer Rheinland-Pfalz

Ingenieurkammer Sachsen

Ingenieurkammer Sachsen-Anhalt

Ingenieurkammer Thüringen

Außerordentliche Mitglieder

BDIA Bund Deutscher Innenarchitekten e.V.

bdla Bund Deutscher Landschaftsarchitekten

SRL Vereinigung für Stadt-, Regional- und Landesplanung e.V.

VFA Vereinigung Freischaffender Architekten Deutschlands e.V.

Ausschuss der Verbände und Kammern
der Ingenieure und Architekten
für die Honorarordnung e.V.

Veröffentlichungen in der Schriftenreihe des AHO

Alle Hefte der AHO-Schriftenreihe verstehen sich als unverbindliche Honorierungsempfehlungen und Praxishilfen.

Die bisher erschienenen Hefte können – sofern nichts anderes angegeben ist – beim AHO direkt bezogen werden. Ihre Bestellung können Sie online unter www.aho.de/schriftenreihe oder per Fax unter (0 30) 31 01 917-11 aufgeben.

Alle Hefte werden kartoniert im Format 16,5 x 24,4 cm veröffentlicht. Alle angegebenen Preise sind Bruttopreise inkl. gesetzl. MwSt. zzgl. Versandkosten.

Nr. 1 **HOAI – Planen und Bauen im Bestand
Arbeitshilfen zur Bestimmung der anrechenbaren Kosten aus mitzuverarbeitender Bausubstanz und des Zuschlags für Umbauten und Modernisierungen**
ISBN 978-3-8462-0435-1, 2014, 144 Seiten, 28,80 €

Nr. 2 **Örtliche Bauüberwachung bei Ingenieurbauwerken und Verkehrsanlagen – Leistungsbild und Honorierung**
ISBN 978-3-8462-0431-3, 2014, 36 Seiten, 14,80 €

Nr. 3 **HOAI – Besondere Leistungen bei der Tragwerksplanung**
ISBN 978-3-8462-0767-3, 5., vollständig überarbeitete Auflage 2017, 72 Seiten, 16,80 €

Nr. 4 **HOAI – Besondere Leistungen bei der Planung von Objekten der Wasser- und Abfallwirtschaft nach Teil 3 Abschnitt 3, § 41 HOAI 2013**
ISBN 978-3-8462-0824-3, 3., vollständig überarbeitete Auflage 2017, 52 Seiten, 16,80 €

Nr. 5 **HOAI – Entwurf zur Fortschreibung von Teil VIIa Verkehrsplanerische Leistungen**
ISBN 978-3-88784-598-8, 1994, 40 Seiten, 14,80 €

Nr. 6 **HOAI – Besondere Leistungen bei der Planung von Anlagen der Technischen Ausrüstung nach Teil 4 Abschnitt 2, Anlage 15, Nr. 15.1 HOAI 2013**
ISBN 978-3-8462-0317-0, 3., vollständig überarbeitete Auflage 2014, 64 Seiten, 14,80 €

Nr. 7 **HOAI – Besondere Leistungen bei der Planung von Ingenieurbauwerken nach Teil 3 Abschnitt 3, § 41 Nr. 6 (konstruktive Ingenieurbauwerke für Verkehrsanlagen) und Nr. 7 (sonstige Einzelbauwerke, ausgenommen Gebäude und Freileitungsmaste) HOAI 2013**
ISBN 978-3-8462-0436-8, 2., vollständig überarbeitete Auflage 2015, 52 Seiten, 14,80 €

Nr. 8 **Untersuchungen zum Leistungsbild und zur Honorierung für den Planungsbereich „Altlasten"**
ISBN 978-3-89817-914-0, 2., vollständig überarbeitete Auflage 2010, 76 Seiten, 21,80 €

Ausschuss der Verbände und Kammern
der Ingenieure und Architekten
für die Honorarordnung e.V.

Nr. 9 **Projektmanagementleistungen in der Bau- und Immobilienwirtschaft – Leistungsbild und Honorierung**
ISBN 978-3-8462-0189-3, 4., vollständig überarbeitete Auflage 2014, 228 Seiten, 36,80 €

Nr. 10 **HOAI – Empfehlungen des AHO zur Definition und Anwendung der Funktionalausschreibung**
ISBN 978-3-88784-883-5, 1998, 36 Seiten, 14,80 €

Nr. 11 **HOAI – Leistungsbilder von Anlagen der Technischen Ausrüstung nach Teil IX bei der funktionalen Leistungsvergabe inklusive komplementärem Leistungsbild des Generalunternehmers**
ISBN 978-3-89817-282-0, 2. Auflage 2002, 40 Seiten, 14,80 €

Nr. 12 **HOAI – Arbeitshilfen zur Vereinbarung von Ingenieurverträgen für die Bearbeitung von Generalentwässerungsplänen (GEP)**
ISBN 978-3-8462-0437-5, 2., vollständig überarbeitete und erweiterte Auflage 2014, 64 Seiten, 14,80 €

Nr. 13 **HVA F-StB – Benutzerhinweise zur Verhandlung und Abfassung von Ingenieurverträgen (im Straßen- und Brückenbau)**
ISBN 978-3-89817-036-9, 2001, 28 Seiten, 14,80 €

Nr. 14 **HOAI – Tafelfortschreibung Erweiterte Honorartabellen (§§ 20.1, 21.1, 28.1, 29.1, 30.1, 31.1, 32.1, 35.1, 40.1, 44.1, 48.1, 52.1, 56.1, Anlage 1, Nr. 1.1 und 1.2)**
ISBN 978-3-8462-0710-9, 3., vollständig überarbeitete und erweiterte Auflage 2016, 60 Seiten, 21,80 €

Nr. 15 **Leistungen nach der Baustellenverordnung – Leistungsbild und Honorierung**
ISBN 978-3-89817-940-9, 2., vollständig überarbeitete und erweiterte Auflage 2011, 48 Seiten, 14,80 €

Nr. 16 **Untersuchungen zum Leistungsbild und zur Honorierung für das Facility Management Consulting**
ISBN 978-3-89817-841-9, 4., vollständig überarbeitete und erweiterte Auflage 2010, 128 Seiten, 28,80 €

Nr. 17 **Leistungen für Brandschutz – Leistungsbild und Honorierung**
ISBN 978-3-8462-0540-2, 3., vollständig überarbeitete Auflage 2015, 64 Seiten, 14,80 €

Nr. 18 **Planungsbereich „Baufeldfreimachung / Rückbau" – Leistungsbild und Honorierung**
ISBN 978-3-8462-0234-0, 2., vollständig überarbeitete Auflage 2014, 64 Seiten, 14,80 €

Nr. 19 **Neue Leistungsbilder zum Projektmanagement in der Bau- und Immobilienwirtschaft**
ISBN 978-3-89817-436-7, 2004, 148 Seiten, 28,80 €